BEI GRIN MACHT SICH IHR WISSEN BEZAHLT

AF135514

- Wir veröffentlichen Ihre Hausarbeit, Bachelor- und Masterarbeit

- Ihr eigenes eBook und Buch - weltweit in allen wichtigen Shops

- Verdienen Sie an jedem Verkauf

Jetzt bei www.GRIN.com hochladen und kostenlos publizieren

GRIN

Bibliografische Information der Deutschen Nationalbibliothek:

Die Deutsche Bibliothek verzeichnet diese Publikation in der Deutschen National-bibliografie; detaillierte bibliografische Daten sind im Internet über http://dnb.d-nb.de/ abrufbar.

Impressum:

Copyright © 2016 GRIN Verlag, Open Publishing GmbH
Druck und Bindung: Books on Demand GmbH, Norderstedt Germany
ISBN: 9783668522947

Dieses Buch bei GRIN:

http://www.grin.com/de/e-book/372859/die-anwendung-der-exponentialfunktion-in-natur-und-technik

Tim Emmert

Aus der Reihe: e-fellows.net stipendiaten-wissen

e-fellows.net (Hrsg.)

Band 2486

Die Anwendung der Exponentialfunktion in Natur und Technik

GRIN Verlag

GRIN - Your knowledge has value

Der GRIN Verlag publiziert seit 1998 wissenschaftliche Arbeiten von Studenten, Hochschullehrern und anderen Akademikern als eBook und gedrucktes Buch. Die Verlagswebsite www.grin.com ist die ideale Plattform zur Veröffentlichung von Hausarbeiten, Abschlussarbeiten, wissenschaftlichen Aufsätzen, Dissertationen und Fachbüchern.

Besuchen Sie uns im Internet:

http://www.grin.com/

http://www.facebook.com/grincom

http://www.twitter.com/grin_com

Inhaltsverzeichnis

A) Einleitung und motivierendes Beispiel

Streiten sich zwei Funktionen. Sagt die Eine zur Anderen: „Lass´ mich jetzt in Ruhe, sonst leite ich dich ab." Reaktion der Anderen: „Ha, ha, mach doch, ich bin die e-Funktion!"

Dieser Mathematikerwitz sollte bei keinem in der Mathematik versierten Menschen Verständnisprobleme hervorrufen. Die e-Funktion reproduziert sich beim Ableiten. Neben der Möglichkeit Witze über diesen Funktionstyp zu erzählen bieten Exponentialfunktionen jedoch noch weitaus interessantere Anwendungsmöglichkeiten. Eine Vielzahl von Vorgängen, wie zum Beispiel Wachstumsprozesse, lassen sich mithilfe einer Exponentialfunktion beschreiben. Wie sagen Statistiker beispielsweise die Entwicklung der Erdbevölkerung voraus?

Anfang 2016 lebten etwa 7,32 Milliarden Menschen auf der Welt. Der Datenreport der Deutschen Stiftung Weltbevölkerung sagt für die Weltbevölkerung momentan einen jährlichen Zuwachs um 1,2% voraus (vgl. weltbevoelkerung.de, Zuwachs der Weltbevölkerung). Das bedeutet, dass die Bevölkerungszahl von Jahr zu Jahr mit dem Faktor 1+1,2%, also mit dem Faktor 1,012 multipliziert werden muss. Wie viele Menschen werden nach diesem Modell im Jahr 2030 auf der Erde leben?

Man modelliert nun das Wachstum mithilfe einer Exponentialfunktion. Die folgende Funktion gibt die Anzahl der in x Jahren auf der Welt lebenden Menschen in Milliarden an.

$$f(x) = 7,32 \cdot 1,012^x$$

Um nun die Erdbevölkerung im Jahr 2030 zu berechnen setzt man für $x = 14$ ein. Es ergibt sich eine Gesamtbevölkerung von 8,65 Milliarden Menschen.

Neben dieser nun kurz beschriebenen Anwendung der Exponentialfunktion gibt es noch eine Vielzahl weiterer Möglichkeiten sie zu nutzen. Im Folgenden wird auf zwei weitere Anwendungsbeispiele näher eingegangen.

B) Anwendungen der Exponentialfunktion

Bevor jedoch näher auf die Anwendung von Exponentialfunktionen eingegangen wird, müssen für das zweite und das dritte Kapitel wichtige Grundlagen über Exponentialfunktionen und die Zahl e vermittelt werden.

1. Die Exponentialfunktion und die Eulersche Zahl

Exponentialfunktionen lassen sich in der Form $f : x \mapsto b \cdot a^x$ ($b \in IR, a > 0$) darstellen. Gibt dabei die Variable x die Zeit an, so entspricht der Parameter b dem Bestand zum Anfangszeitpunkt $x = 0$. Der Parameter a heißt Wachstumsfaktor.

Im Folgenden soll nun die Stärke des Wachstums von Funktionen der Form $f : x \mapsto b \cdot a^x$ ($b \in IR, a > 0$) untersucht werden. Ein Maß für die Stärke des Wachstums einer Funktion ist die erste Ableitung. Da es sich bei b lediglich um einen konstanten Faktor handelt, wird im Folgenden nur die Ableitung der Funktion $f : x \mapsto a^x$ ermittelt: Mit Hilfe des Differentialquotienten, auch h-Methode genannt, erhält man die Ableitung der Funktion f an der Stelle x.

$$f'(x) = \lim_{h \to 0} \frac{f(x+h) - f(x)}{h} = \lim_{h \to 0} \frac{a^{x+h} - a^x}{h} = \lim_{h \to 0} \frac{a^x \left(a^h - 1 \right)}{h} = a^x \cdot \lim_{h \to 0} \frac{a^h - 1}{h}$$

Da $\lim_{h \to 0} \frac{a^h - 1}{h} = f'(0)$ ist, folgt: $f'(x) = a^x \cdot f'(0)$, also $f'(x) = f(x) \cdot$ Konstante.

> „Bei der allgemeinen Exponentialfunktion ist die Ableitung $f'(x)$ an der Stelle x direkt proportional zum Funktionswert $f(x)$, kurz: $f'(x) = c \cdot f(x)$." (Birner, S. 159)

Für den Wert der Basis a, für den $\lim_{h \to 0} \frac{a^h - 1}{h} = f'(0) = 1$ gilt, wird die Ableitung der Exponentialfunktion besonders einfach. Dann gilt nämlich: $f'(x) = f(x)$. Dieser spezielle Wert von a soll nun ermittelt werden. Es soll also gelten: $\lim_{h \to 0} \frac{a^h - 1}{h} = 1$.

Nun substituiert man und legt fest: $h = \frac{1}{n}$. Es gilt:

$$\lim_{h \to 0} \frac{a^h - 1}{h} = \lim_{n \to \infty} \frac{a^{\frac{1}{n}} - 1}{\frac{1}{n}}$$

Damit $\lim_{n \to \infty} \frac{a^{\frac{1}{n}} - 1}{\frac{1}{n}} = 1$ ist, muss für sehr große n gelten: $a^{\frac{1}{n}} - 1 = \frac{1}{n}$ und damit $a^{\frac{1}{n}} = \frac{1}{n} + 1$. Für große n muss also für die Basis a gelten: $a = (1 + \frac{1}{n})^n$. Dass der Grenzwert $\lim_{n \to \infty} (1 + \frac{1}{n})^n$ tatsächlich existiert wies erstmals der Schweizer Mathematiker Leonhard Euler nach. Er zeigte auch, dass es sich dabei um eine irrationale Zahl handelt. Er bezeichnete diese Zahl mit e. Die Zahl wurde später ihm zu Ehren Eu-ler 'sche Zahl genannt (vgl. Götz S. 152f.).

Der Grenzwert $\lim\limits_{n\to\infty}(1+\dfrac{1}{n})^n$ existiert und ist eine irrationale Zahl. Diese heißt Euler'sche Zahl und wird mit e bezeichnet. e=2,718281828.... (vgl. Götz, S. 153).

Wählt man nun als Basis einer Exponentialfunktion die Zahl e, so hat man eine Funktion gefunden, die die schöne Eigenschaft hat, dass die Funktion mit ihrer Ableitung übereinstimmt. Für den Graphen der Funktion bedeutet dies, dass in jedem Punkt die Steigung der Tangente gleich dem Funktionswert ist.

Die natürliche Exponentialfunktion (e-Funktion) $f : x \mapsto e^x$ stimmt mit ihrer Ableitung überein: Es gilt $f'(x) = f(x) = e^x$.

Im Folgenden werden die Eigenschaften und der Graph der e-Funktion angeführt.

Die Funktion f mit $f(x) = e^x$ hat den Definitionsbereich $D = IR$.

Sie verhält sich an den Grenzen des Definitionsbereiches wie folgt:

$$\lim_{x\to-\infty} e^x = 0 \quad \text{und} \quad \lim_{x\to\infty} e^x = \infty.$$

Die e-Funktion besitzt keine Nullstellen, der Graph der e-Funktion verläuft stets oberhalb der x-Achse. Der Wertebereich ist $W = IR^+$.

Die y-Achse wird im Punkt $(0|1)$ geschnitten, der Graph verläuft durch den Punkt $(1|e)$.

Außerdem besitzt die e-Funktion ein sehr starkes Wachstum. Sie „nimmt für $x \to \infty$ viel stärker zu als jede Potenzfunktion" (Feuerlein, S.114).

Eine mögliche Stammfunktion ist $F : x \mapsto e^x$.

Da die Ableitung der Exponentialfunktion stets positive Werte annimmt, ist der Graph der Funktion im gesamten Definitionsbereich streng monoton steigend. Die e-Funktion ist somit umkehrbar, ihre Umkehrfunktion heißt natürliche Logarithmusfunktion.

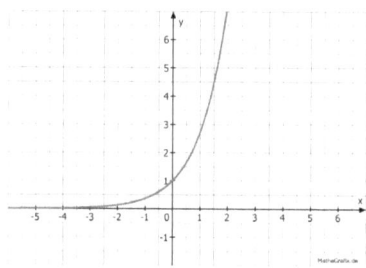

Abbildung 1: Graph der e-Funktion

Zusammenfassend kann man sagen, dass mit der e-Funktion eine Funktion gefunden wurde, die die überaus praktische Eigenschaft besitzt, dass sie mit ihrer Ableitung übereinstimmt. Eine große Anwendung der Exponentialfunktion liegt darin, dass sich mit ihrer Hilfe Wachstums- und Abklingprozesse sinnvoll modellieren lassen.

2. Die barometrische Höhenformel mit der Exponentialfunktion

Wie funktioniert ein Höhenmesser? Ein Höhenmesser, wie er beispielsweise von Bergsteigern oder Fahrradfahrern benutzt wird, misst den Luftdruck p. Seine Funktionsweise beruht darauf, dass die Höhe h abhängig ist vom Luftdruck p:

Unter gewissen Annahmen über die Abnahme des Luftdrucks in Abhängigkeit von Temperatur und zunehmender Höhe kann man mit Hilfe der barometrischen Höhenformel aus den Luftdruckdaten p die erreichte Höhe h ermitteln.

Konkrete Problemstellung: Ein Bergsteiger geht an einem kühlen Morgen, die Temperatur beträgt 0°C, in Garmisch-Partenkirchen (ca. 700 m ü. N.N.) los. Der Luftdruck beträgt zu diesem Zeitpunkt 1019 mbar ($=1,019 \cdot 10^5 \, N / m^2$). Am Mittag misst der Höhenmesser des Bergsteigers einen Druck von 938 mbar ($=0,938 \cdot 10^5 \, N / m^2$). In welcher Höhe befindet sich der Bergsteiger inzwischen?

Dieses Problem kann näherungsweise mit Hilfe der barometrischen Höhenformel gelöst werden.

2.1 Vereinfachende Annahmen, physikalische Gesetze und mathematische Formeln zur Herleitung der barometrischen Höhenformel

Der Druck der uns umgebenden Luft wird durch das Gewicht der Erdatmosphäre verursacht. Da Gase im Gegensatz zu Flüssigkeiten kompressibel sind, nimmt der Druck beim Aufsteigen nicht linear ab. Um den Druckverlauf $p(h)$ berechnen zu können, muss man einige vereinfachende Annahmen machen:

Annahme 1: Die Lufthülle der Erde hat überall die gleiche Zusammensetzung. Aufgrund der guten Durchmischung der Atmosphäre kann man davon ausgehen, dass diese Annahme annähernd stimmt (vgl. lernhelfer.de, 2. Abschnitt).

Annahme 2: Die Temperatur ändert sich nicht mit zunehmender Höhe. Diese Annahme ist sehr grob und stimmt nicht. „Um höhere Genauigkeit zu erreichen, muß man die Temperaturverteilung mit messen und die barometrische Höhenformel immer nur auf hinreichend dünne Schichten der Atmosphäre […] mit zugehöriger Temperatur anwenden." (Gerthsen, S.105)

Ohne diese Vereinfachungen sind aber die später folgenden Rechnungen nicht möglich.

Annahme 3: Für die Teilchen der Atmosphäre gilt die Zustandsgleichung des idealen Gases: $\dfrac{p \cdot V}{T} =$ konst. Dabei ist p der Druck und T die Temperatur des im Volumen V eingeschlossenen Gases.

Außerdem benötigt man folgende Formeln, um den Druckverlauf $p(h)$ ermitteln zu können:

Man berechnet den hydrostatischen Druck p bei konstanter Dichte:

$$p = \rho g h \qquad [1]$$

ρ ist die Dichte der Atmosphäre, g die Fallbeschleunigung und h die Höhe der Luftsäule über dem Messpunkt. Da im Unterschied zu Flüssigkeiten die Dichte eines Gases nicht konstant ist, gilt die Formel nur für eine dünne, infinitesimale Luftschicht der Höhe dh, innerhalb der die Dichte als konstant angesehen werden kann (vgl. Gerthsen, S.105). Außerdem gilt für ρ:

$$\rho = \frac{m}{V} \qquad [2]$$

ρ ist die hierbei Dichte eines Gase, m dessen Masse und V sein Volumen. Des Weiteren gilt:

$$p \cdot \frac{1}{\rho} = \text{konstant.} \qquad [3]$$

Man leitet [3] aus Annahme 2 und Annahme 3 her:

Bei konstanter Temperatur gilt: $pV =$ konstant. Bei einer als konstant anzunehmenden Masse m und mit [2] gilt dann: $p \cdot \frac{1}{\rho} =$ konstant. Bei konstanter Temperatur ist die Dichte somit proportional zum Druck.

2.2 Herleitung der barometrischen Höhenformel

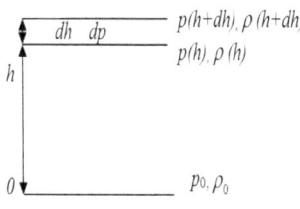

Abbildung 2: Ausgangssituation
(vgl. Gertsen, S. 104)

p_0 und ρ_0 sind Druck bzw. Dichte der Atmosphäre an einem bestimmten Ort, z.B. am Erdboden ($h = 0$). h ist die Höhe über dem Erdboden; $p(h)$ und ρ (h) sind Druck bzw. Dichte der Atmosphäre in der Höhe h. Analog: $p(h+dh)$ und ρ (h+dh).

Ist h die Höhe über dem Erdboden, so nimmt bei weiterem Anstieg um dh der Schweredruck um dp ab. Mit [1] erhält man für die Druckänderung:

$$dp = p(h + dh) - p(h) = -\rho \cdot g \cdot dh \qquad [4]$$

Zu beachten ist, dass der Ausdruck aufgrund der Druckabnahme negativ ist.

Da wegen [3] gilt: $\frac{p}{\rho} =$ konstant, also $\frac{p}{\rho} = \frac{p_0}{\rho_0}$, folgt: $\rho = \rho_0 \cdot \frac{p}{p_0}$.

Einsetzen in obenstehende Gleichung [4] ergibt:

$$p(h+dh) - p(h) = dp = -\frac{\rho_0}{p_0} \cdot p \cdot g \cdot dh$$

Division der Gleichung durch dh:

$$\frac{p(h+dh) - p(h)}{dh} = \frac{dp}{dh} = -\frac{\rho_0}{p_0} \cdot g \cdot p$$

Dabei ist $\frac{\rho_0}{p_0} \cdot g$ konstant und wird $\frac{1}{H}$ genannt. (Der Sinn der Nomenklatur wird später deutlich):

$$\frac{p(h+dh) - p(h)}{dh} = -\frac{1}{H} \cdot p$$

Auf der linken Seite der Gleichung steht der Differentialquotient, der für $dh \to 0$ in die Ableitung der Funktion p übergeht:

$$p'(h) = -\frac{1}{H} \cdot p(h)$$

Gesucht wird also eine Funktion $p(h)$, die sich beim Ableiten bis auf den konstanten Faktor $-\frac{1}{H}$ reproduziert.

Aus Kapitel 1 ist bekannt, dass jede Exponentialfunktion $p(h) = A \cdot e^{-\frac{h}{H}}$ mit $A \in IR$ die Gleichung löst.

Mit der Anfangsbedingung $p(0) = p_0$ erhält man aus $p(0) = A \cdot e^{-\frac{0}{H}} = A = p_0$ den Wert $A = p_0$.

Damit erhält man die

Barometrische Höhenformel

$$p(h) = p_0 \cdot e^{-\frac{h}{H}} \text{ mit } \frac{\rho_0}{p_0} \cdot g := \frac{1}{H}$$

Mit ihr kann berechnet werden, wie der Druck in der Atmosphäre mit wachsender Höhe abnimmt.

Im Folgenden ist der Graph der barometrischen Höhenformel dargestellt. Dazu wurden die Daten $p_0 = 1,019 \cdot 10^5 \, N/m^2$ und $H = 8000 \, m$ verwendet (vgl. Gerthsen, S. 105).

8

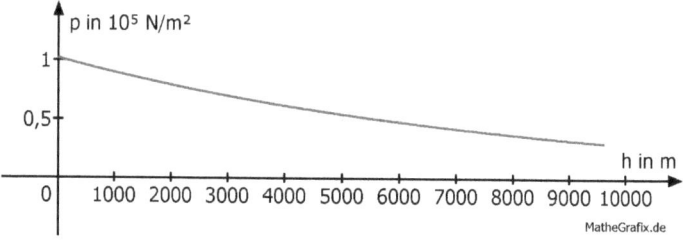

Abbildung 3:Druck p in Abhängigkeit der Höhe h

Anmerkungen:

a) Da bei der Herleitung konstante Temperatur vorausgesetzt wurde, wird die reale Druckabnahme leicht von der Errechneten abweichen

b) Für eine bestimmte Höhe H gilt: $p(H) = p_0 \cdot e^{-1}$. Analog zu $\frac{1}{H}$ ist H definiert als $H := \frac{p_0}{p_0 \cdot g}$. „Mit den Daten für Luft von 0°C erhält man für die sogenannte Skalenhöhe $H = \dfrac{1{,}019 \cdot 10^5\, N/m^2}{1{,}29 kg/m^3 \cdot 9{,}81 m/s^2} = 8000m$. Bei einem Aufstieg in diese Höhe nehmen Druck und Dichte jeweils um den Faktor $\frac{1}{e} = 0{,}368$ ab." (Gertsen, Physik, S. 105)

c) Algebraische Lösung des Ausgangsproblems: Auflösung der Formel

$p(h) = p_0 \cdot e^{-\frac{h}{H}}$ nach h :

$$e^{-\frac{h}{H}} = \frac{p}{p_0}$$

Anwendung des Logarithmus:

$$-\frac{h}{H} = \ln \frac{p}{p_0}$$

Auflösen nach h ergibt:

$$\boxed{h = \ln \frac{p_0}{p} \cdot H}$$

mit $p_0 = 1{,}019 \cdot 10^5\, N/m^2$, $p = 0{,}938 \cdot 10^5\, N/m^2$ und H = 8000 m erhält man für $h = 663$ m.

Da der Bergsteiger bei einer Höhe von 700m startete, befindet er sich inzwischen in einer Höhe von 1363m.

9

3. Komplexe Wechselstromrechnung

Im Folgenden wird nun die komplexe Exponentialfunktion betrachtet. Sie hat nicht nur große Bedeutung in der Mathematik, sondern findet auch ihre praktische Anwendung in der Technik. Eine dieser Anwendungen wird in Abschnitt 3.3 gezeigt.

3.1 Die komplexe Exponentialfunktion

Für die Berechnungen in den folgenden Kapiteln ist eine Grundkenntnis über komplexe Zahlen, explizit über die komplexe Exponentialfunktion, erforderlich. Deshalb werden zunächst grundlegende Rechenregeln für komplexe Zahlen wiederholt.

Jede komplexe Zahl z lässt sich in der Form $z = a + ib$, mit $a, b \in IR$, darstellen. Hierbei ist a der Realteil von z, b der Imaginärteil von z. Für die imaginäre Einheit i gilt: $i^2 = -1$. Die Addition komplexer Zahlen ist wie folgt definiert:

$$z_1 + z_2 = (a_1 + a_2) + i(b_1 + b_2)$$

Der Betrag einer komplexen Zahl $|z|$ wird folgendermaßen berechnet: $|z| = \sqrt{a^2 + b^2}$. Durch $\cos\varphi = \frac{a}{|z|}$ und $\sin\varphi = \frac{b}{|z|}$ wird der Winkel φ festgelegt (vgl. Abb. 4).

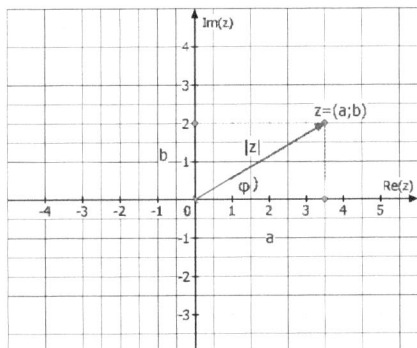

Abbildung 4: Gaußsche Zahlenebene

Mit diesem ergibt sich die Polarform von z: $z = |z|(\cos\varphi + i\sin\varphi)$ (vgl. Fischer, S. 117). Die nach Leonhard Euler benannte Eulersche Formel ist wie folgt definiert:

$$e^{i\varphi} = \cos\varphi + i\sin\varphi$$

Mit ihr lässt sich jede komplexe Zahl als $z = |z|e^{i\varphi}$ darstellen (vgl. Fischer, S. 118). $e^{i\varphi}$ nennt man die komplexe Exponentialfunktion.

In der Polarform lassen sich zwei komplexe Zahlen z_1 und z_2 einfach multiplizieren:

$$z_1 \cdot z_2 = |z_1| \cdot |z_2|e^{i(\varphi_1 + \varphi_2)}$$

Bei mit komplexen Zahlen durchgeführten Rechenoperationen darf man außerdem Real- und Imaginärteil getrennt betrachten (vgl. Fischer, S. 211).

3.2 Komplexe Zahlen zur Darstellung harmonischer Schwingungen

In diesem Unterkapitel soll gezeigt werden, wie man mit Hilfe der Rechengesetze für komplexe Zahlen, insbesondere der der komplexen e-Funktion, bestimmte Rechenoperationen geschickt vereinfachen kann.

Im nächsten Kapitel werden harmonische Schwingungen eine wichtige Rolle spielen. Eine harmonische Schwingung kann durch folgende Funktion dargestellt werden:

$$y(t) = Y_0 \cos(\omega t + \varphi)$$

Hierbei ist Y_0 die Amplitude der Schwingung, ω die Winkelgeschwindigkeit und φ die Nullphase. Zunächst wird gezeigt, wie jede harmonische Schwingung zweckmäßig durch eine komplexe Größe $\underline{Y}$ beschrieben werden kann (vgl. Unbehauen, S 142 f.).

Aus 3.1 sind die komplexe Exponentialfunktion, die Eulersche Gleichung und die Darstellung einer komplexen Zahl in Polarform bekannt. Mithilfe dieser Ergebnisse kann man die harmonische Schwingung $y(t)$ als Realteil einer komplexen Funktion $\underline{Y}$ darstellen. $\underline{Y}$ ist folgendermaßen definiert:

$$\underline{Y} = Y_0 e^{i(\omega t + \varphi)} = Y_0(\cos(\omega t + \varphi) + i\sin(\omega t + \varphi))$$

Damit wurde die Funktion $y(t)$ vollständig als Realteil der Größe $\underline{Y}$ dargestellt. Man definiert außerdem eine zeitunabhängige Größe: $\underline{Y_0} = Y_0 e^{i\varphi}$. Damit folgt:

$$\underline{Y} = Y_0 e^{i\omega t + i\varphi} = Y_0 e^{i\omega t} e^{i\varphi} = \underline{Y_0} e^{i\omega t}$$

Die nun vorliegende Form von $\underline{Y}$ zeigt ihre Vorteile bei der Differentiation. Da sich die e-Funktion beim Ableiten reproduziert, erhält man unter Beachtung des Nachdifferenzierens, und da $\underline{Y_0}$ zeitunabhängig ist, folgenden Term für $\underline{\dot{Y}}$, beziehungsweise $\underline{\ddot{Y}}$.

$$\underline{\dot{Y}} = i\omega \underline{Y_0} e^{i\omega t}$$

$$\underline{\dot{Y}} = i\omega \underline{Y}$$

$$\underline{\ddot{Y}} = i^2 \omega^2 \underline{Y_0} e^{i\omega t}$$

$$\underline{\ddot{Y}} = i^2 \omega^2 \underline{Y}$$

Man erkennt einen großen Vorteil der Darstellung einer Schwingung durch eine komplexe Größe: Die Differentiation dieser komplexwertigen Funktion, deren Realteil die Schwingung repräsentiert, lässt sich lediglich auf ihre Multiplikation mit $i\omega$ zurückführen. Diese Eigenschaft bildet einen entscheidenden Vorteil der komplexen Darstellung.

Im nächsten Unterkapitel soll gezeigt werden, wie man mit Hilfe der Rechengesetze für komplexe Zahlen, insbesondere der der komplexen e-Funktion, das Verhalten eines elektromagnetischen Schwingkreises einfach ermitteln kann.

3.3 Physikalische Grundlagen

Die vorliegende Serienschaltung verfügt über einen Ohmschen Widerstand R, eine Spule mit der Induktivität L und einen Kondensator mit der Kapazität C. Eine Wechselspannungsquelle regt den Stromkreis an. Ziel ist es nun, den Gesamtwiderstand dieser Schaltung zu ermitteln. Dazu werden folgende physikalische Gesetzmäßigkeiten benötigt.

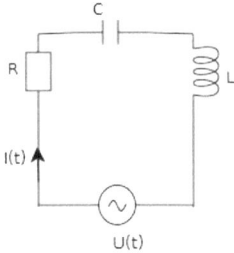

Gesetzmäßigkeit für eine Serienschaltung:

„Auch für Wechselstrom gilt: Der unverzweigte Stromkreis wird auf seiner ganzen Länge von derselben Stromstärke durchflossen. Der gesamte Spannungsabfall ist die Summe der Spannungsabfälle an den Teilstücken. [...] Ebenso wie für Gleichstrom gilt: 1. Beim Hintereinanderschalten addie-

Abbildung 5: Vorliegender Stromkreis

ren sich die Widerstände" (Fleischmann, S. 401)

Obwohl der Kondensator den Stromkreis theoretisch unterbricht, fließt doch ein Strom, da ein durch die anliegende Wechselspannung verursachtes dauerndes Auf- und Entladen des Kondensators einen elektrischen Wechselstrom verursacht (vgl. Wegener S.334). In diesem Stromkreis fließt somit ein Strom I durch den Kondensator, der die zeitliche Änderung seiner Ladung darstellt.

$$I = \dot{Q}$$

Von der Formel $U_C = \frac{Q}{C}$ ausgehend, lässt sich I in Abhängigkeit von $\dot{U}_C$ angeben.

$$Q = CU_C$$

$$I = \dot{Q} = C\dot{U}_C$$

$$\dot{U}_C = \frac{\dot{Q}}{C} = \frac{I}{C} \qquad [1]$$

In die vom sich ändernden Strom I durchflossene Spule wird eine Spannung U_L induziert. Es gilt:

$$U_L = L\dot{I} \qquad [2]$$

Am vom Strom I durchflossenen Widerstand fällt folgende Spannung ab:

$$U_R = RI \qquad [3]$$

Nach der Maschenregel (siehe Gesetzmäßigkeiten oben) muss die von der Spannungsquelle zugeführte Gesamtspannung U gleich der Summe aller Spannungsabfälle sein:

$$U = U_R + U_L + U_C$$

Durch das Einsetzen von [1], [2] und [3] ergibt sich damit:

$$U = RI + L\dot{I} + \frac{Q}{C} \qquad [4]$$

Differenziert man nun diese Gleichung nach t, so erhält man unter Verwendung von [1] folgende Differentialgleichung, die auf der rechten Seite nur die Funktion $I(t)$ und deren Ableitungen enthält.

$$\dot{U} = R\dot{I} + L\ddot{I} + \frac{\dot{Q}}{C}$$

$$\dot{U} = R\dot{I} + L\ddot{I} + \frac{I}{C} \qquad [5]$$

Die vorgegebene Generatorspannung $U(t)$ befindet sich in einer harmonischen Abhängigkeit von der Zeit t. Sie kann deshalb durch die folgende Formel dargestellt werden:

$$U(t) = U_0 \cos(\omega t)$$

Hierbei ist U_0 die Scheitelspannung und ω die Kreisfrequenz. Die im Schwingkreis vorliegende Stromstärke $I(t)$ befindet sich aufgrund der zugeführten Wechselspannung ebenfalls, phasenverschoben zu $U(t)$, in einer harmonischen Zeitabhängigkeit.

$$I(t) = I_0 \cos(\omega t + \varphi)$$

3.4 Anwendung der komplexen Schwingungsgleichung zur Berechnung des komplexen Wechselstromwiderstands

Ziel ist nun, den Gesamtwiderstand des vorliegenden Wechselstromkreises zu ermitteln. Bei Gleichstrom lässt sich dieser allgemein sehr einfach mittels $R = \frac{U}{I}$ berechnen. Beim Wechselstromkreis muss jedoch beachtet werden, dass zwischen $U(t)$ und $I(t)$ eine Phasenverschiebung bestehen kann (vgl. Unbehauen, S. 149)! Bei Anwendung der Formel zur Berechnung von R muss diese also berücksichtigt werden. Damit kann diese Formel nicht in der gewohnten Weise angewandt werden. Die Widerstandsberechnungen vereinfachen sich beträchtlich, wenn man komplex rechnet. Wie in Kapitel 3.2 gezeigt (Umformungen von Schwingungsgleichungen), stellen wir deshalb die vorgegebene Generatorspannung $U(t)$ und die Stromstärke im Schwingkreis $I(t)$ mit Hilfe der komplexen Funktionen $\underline{U}(t)$ und $\underline{I}(t)$ wie folgt dar:

$$\underline{U}(t) = U_0 e^{i\omega t}$$

$$\underline{I}(t) = \underline{I}_0 e^{i\omega t}$$

Man erinnert sich: $Re\left(\underline{U}(t)\right) = U(t)$. Der Realteil von $\underline{U}(t)$ stellt also die physikalisch beobachtbare Generatorspannung dar. Analoges gilt für $\underline{I}(t)$. Es ist außerdem zu beachten, dass U_0, anders als $\underline{I}_0$, mangels der Phasenverschiebung der Spannung nicht kom-

13

plex ist. Mit diesem komplexen Ansatz und den in 3.1 gezeigten Eigenschaften der komplexen Exponentialfunktion beim Ableiten lässt sich nun die Differentialgleichung [5] einfach lösen.

$$\dot{U} = R\dot{I} + L\ddot{I} + \frac{I}{C}$$

$$Re\big(\underline{U}(t)\big) = Re\left(R \cdot \underline{I}(t) + L \cdot \underline{\ddot{I}}(t) + \frac{1}{C} \cdot \underline{I}(t)\right)$$

$$Re\big(i\omega U_0 e^{i\omega t}\big) = Re\left(R \cdot i\omega \underline{I}_0 e^{i\omega t} + L \cdot i^2\omega^2 \underline{I}_0 e^{i\omega t} + \frac{1}{C} \cdot \underline{I}_0 e^{i\omega t}\right)$$

Nach dem Weglassen der Operation Re( ) und der Division durch $i\omega e^{i\omega t}$ erhält man folgende Gleichung:

$$U_0 = R \cdot \underline{I}_0 + i\omega L \cdot \underline{I}_0 + \frac{1}{i\omega C} \cdot \underline{I}_0$$

$$U_0 = (R + i\omega L + \frac{1}{i\omega C}) \cdot \underline{I}_0$$

In Analogie zur Definition des Gleichstromwiderstands $U = R \cdot I$ haben wir nun das Ohmsche Gesetz für Wechselstrom hergeleitet.

Der komplexe Gesamtwechselstromwiderstand beträgt also mit $i^2 = -1$:

$$\underline{R}_{ges} = R + i\omega L + \frac{1}{i\omega C}$$

$$\underline{R}_{ges} = R + i\omega L - \frac{i}{\omega C}$$

$$\underline{R}_{ges} = R + i(\omega L - \frac{1}{\omega C})$$

Kondensator, Spule und Widerstand können damit folgende komplexe Wechselstrom- widerstände zugeordnet werden:

$$\underline{R}_C = -\frac{i}{\omega C}$$

$$\underline{R}_L = i\omega L$$

$$\underline{R}_R = R \text{ (reell)}$$

„Man bezeichnet $\underline{R}_R$ bzw. $\underline{R}_L$ bzw. $\underline{R}_C$ als Ohmschen bzw. induktiven bzw. kapazitiven Wechselstromwiderstand." (Wegener, S.337) Ihre Beträge sind R, ωL und $\frac{1}{\omega C}$.

Der Realteil des komplexen Gesamtwiderstands $\underline{R}_{ges} = R + i(\omega L - \frac{1}{\omega C})$ ist R und heißt „Wirkwiderstand" (Gerthsen, S.399), der Imaginärteil ist $-\frac{1}{\omega C} + \omega L$ und heißt

14

„Blindwiderstand" (Gerthsen, S.399). Für den Betrag des Gesamtwiderstandes der vorliegenden Schaltung gilt (vgl. 3.1, Rechenregeln für komplexe Zahlen):

$$\left| \underline{R}_{ges} \right| = \sqrt{R^2 + (-\frac{1}{\omega C} + \omega L)^2}$$

Er heißt „Scheinwiderstand" (Gerthsen, S.399).

$\left| \underline{R}_{ges} \right|$ ist abhängig von ω und somit von der Frequenz der am Stromkreis anliegenden Wechselspannung. Aus dieser Erkenntnis ergibt sich nun eine Anwendung der Schaltung, bei der ein ohmscher, kapazitiver und induktiver Widerstand in Reihe geschaltet sind und von einem Wechselstrom durchflossen werden. Wählt man nämlich $\omega = \omega_0$ so, dass $\omega_0 L = \frac{1}{\omega_0 C}$, also $\omega_0 = \frac{1}{\sqrt{LC}}$ gilt, ist der Gesamtwiderstand minimal und somit $\left| \underline{R}_{ges} \right| = R$. Dies zeigt sich auch im folgenden Graphen.

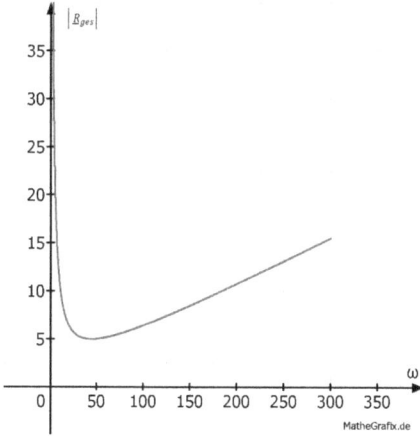

Abbildung 6: Graph des Gesamtwiderstands in Abhängigkeit von ω

Er stellt den Gesamtwiderstand in Abhängigkeit von ω dar. Für den Widerstand wurde der Wert $R = 5\Omega$ gewählt, für die Induktivität $L = 50mH$ und für die Kapazität $C = 10mF$. Man erkennt, dass der Gesamtwiderstand für diese Werte seinen Tiefpunkt bei $\omega = \omega_0 = \frac{1}{\sqrt{LC}} \approx 45\frac{1}{s}$ hat. Er entspricht dem Widerstand $\left| \underline{R}_{ges} \right| = R = 5\Omega$.

Eine Anwendung dieser Erkenntnis ist der sogenannte Frequenzfilter. Frequenzen die zu einer Winkelgeschwindigkeit $\omega \approx \omega_0$ führen, lassen die Stärke des die Schaltung durchfließenden Stromes maximal werden, wohingegen stark abweichende Frequenzen zu einer deutlichen Hemmung der Stromstärke führen (vgl. Fleischmann, S. 405). Dieser Frequenzfilter findet bei einer Vielzahl elektrischer Bauteile Anwendung.

C) Schlusswort

Neben den direkten praktischen Anwendungen von Exponentialfunktionen gibt es weitere, hochinteressante Seiten des nun sehr ausführlich behandelten Funktionstyps.

Mithilfe der in Kapitel 3.1 behandelten Eulerschen Formel $e^{i\varphi} = \cos\varphi + i\sin\varphi$ lässt sich eine verblüffende Verbindung elementarer Funktionen und Zahlen beobachten. Setzt man für φ den Winkel π ein, so ergibt sich folgender Zusammenhang:

$$e^{i\pi} = -1$$

$$e^{i\pi} + 1 = 0$$

Fundamentalzahlen wie die Eulersche Zahl e, die imaginäre Einheit i, die in der Geometrie bedeutsame Zahl π, die kleinste natürliche Zahl 1 und die Zahl 0, die einzige weder positive noch negative reelle Zahl, zusammengefasst in einer nahezu geheimnisvoll wirkenden Formel. Standen all diese Zahlen früher komplett unverbunden beisammen, werden sie jetzt in einer Formel vereint.

Die Eulersche Identität $e^{i\pi} + 1 = 0$ wurde bei einer Umfrage unter Mathematikern zur schönsten mathematischen Formel gewählt und setzte sich dabei gegen Formeln aus vielen anderen mathematischen Bereichen durch (vgl. Behrends, S. 146).

Hiermit wird nun ersichtlich, dass die praktische Anwendung der e-Funktion nur eine Facette der Mathematik ist. Neben sich durch mathematische Berechnungen eröffnenden Möglichkeiten, wie zum Beispiel der Kontrolle verschiedener Frequenzen im Wechselstromkreis, kann der geneigte Mathematiker alleine in der Schönheit fundamentaler Zusammenhänge in der Mathematik einen kaum übertreffbaren Zauber finden.

Literaturverzeichnis

Buchquellen:

1. Behrends, E., Fünf Minuten Mathematik, Wiesbaden, Springer Spektrum, 2013[3]

2. Birner, G., Borges, F., Kilian, H., Schmähling, R., Schwingenschlögl, U., Seibold, R., Sinzinger, M., Zebhauser, E., Zebhauser, M., Fokus Mathematik 11, Berlin, Cornelsen Verlag, 2009[1]

3. Feuerlein, R., Distel, B., Mathematik 11, München, Bayrischer Schulbuch Verlag, 2009[1]

4. Fischer, H., Kaul, H., Mathematik für Physiker, Stuttgart, Teubner Verlag, 1997[3]

5. Fleischmann, R., Einführung in die Physik, Weinheim, Verlag Chemie, 1973[1]

6. Gascha, H., Pflanz, S., Physik verständlich, München, Compact Verlag, 2003[1]

7. Gerthsen, C., Kneser H. O., Vogel, H., Physik , Berlin/Heidelberg/New York, Springer-Verlag, 1974[1]

8. Götz, H., Herbst, M., Kestler, C., Kosuch, H., Novotný, J., Sy, B., Thiessen, T., Lambacher Schweizer – Mathematik für Gymnasien 11,Stuttgart, Ernst Klett Verlag, 2009[1]

9. Heuser, H., Lehrbuch der Analysis, Stuttgart, Teubner Verlag, 1986[4]

10. Pohl, R., Elektrizitätslehre, Berlin/Göttingen/Heidelberg, Springer Verlag, 1961[18]

11. Unbehauen, R., Grundlagen der Elektrotechnik 1 – Allgemeine Grundlagen, Lineare Netzwerke, Stationäres Verhalten, Berlin/Heidelberg/New York, Springer-Verlag, 1994[5]

12. Wegener, H., Physik für Hochschulanfänger, Stuttgart, Teubner Verlag, 1989[2]

Internetquellen

13. Bähr, R. – Die Weltbevölkerungsuhr
http://www.weltbevoelkerung.de/meta/whats-your-number.html
Stand 31.10.2016
Abrufdatum 31.10.2016

14. Flügge, G. IIX.6 Barometrische Höhenformel
https://web.physik.rwth- aachen.de/~fluegge/Vorlesung/PhysIpub/Exscript/
8Kapitel /IIX6Kapitel.html
Stand 2.4.2013
Abrufdatum 9.4.2016

15. Seibt, M., Guderian, P., Landgraf, B., Hoenecker, A. - Exponentielle Wachstumsprozesse
https://lp.uni-goettingen.de/get/text/4908
Stand 12.3.2014
Abrufdatum 9.4.2016

16. Die barometrische Höhenformel
https://www.lernhelfer.de/schuelerlexikon/mathematik-abitur/artikel/die-
barometrische-hoehenformel
Stand nicht abrufbar
Abrufdatum 20.6.2016

Artikel

17. Birg, H., Perspektiven des globalen Bevölkerungswachstums – Ursachen, Folgen, Handlungskonsequenzen, In: Nuscheler, F., Weniger Menschen durch weniger Armut?: Bevölkerungswachstum - globale Krise und ethische Herausforderung Edition solidarisch leben., Nr. n/a, 1994, S. 11-46